BEI GRIN MACHT SICH IHR WISSEN BEZAHLT

- Wir veröffentlichen Ihre Hausarbeit, Bachelor- und Masterarbeit

- Ihr eigenes eBook und Buch - weltweit in allen wichtigen Shops

- Verdienen Sie an jedem Verkauf

Jetzt bei www.GRIN.com hochladen und kostenlos publizieren

Christoph Staufenbiel

Das GPS und das Galileo System

GRIN Verlag

Bibliografische Information der Deutschen Nationalbibliothek:

Die Deutsche Bibliothek verzeichnet diese Publikation in der Deutschen National-
bibliografie; detaillierte bibliografische Daten sind im Internet über http://dnb.d-
nb.de/ abrufbar.

Impressum:

Copyright © 2010 GRIN Verlag, Open Publishing GmbH
Druck und Bindung: Books on Demand GmbH, Norderstedt Germany
ISBN: 978-3-640-74850-1

Dieses Buch bei GRIN:

http://www.grin.com/de/e-book/160820/das-gps-und-das-galileo-system

GRIN - Your knowledge has value

Der GRIN Verlag publiziert seit 1998 wissenschaftliche Arbeiten von Studenten, Hochschullehrern und anderen Akademikern als eBook und gedrucktes Buch. Die Verlagswebsite www.grin.com ist die ideale Plattform zur Veröffentlichung von Hausarbeiten, Abschlussarbeiten, wissenschaftlichen Aufsätzen, Dissertationen und Fachbüchern.

Besuchen Sie uns im Internet:

http://www.grin.com/

http://www.facebook.com/grincom

http://www.twitter.com/grin_com

Universität Potsdam

Humanwissenschaftliche Fakultät

Institut für Arbeitslehre/ Technik

Sommersemester 2010

Das GPS und Galileo System

Name: Christoph Staufenbiel

Inhaltsverzeichnis

1. Einleitung

Wo befinde ich mich oder wo ist mein Ziel, wo möchte ich hin? Jeder kennt diese Fragen der Orientierung! Schon seit Menschengedenken ist es eine Herausforderung sich in bestimmten Orten oder Gegenden zu Recht zu finden. Es musste demzufolge also ein Weg der Navigation geschaffen werden. In der Frühzeit wurde mit Hilfe von Handzeichen oder verbal bedeutende Orte, beispielsweise, Jagdstellen aufgezeigt. Später im Mittelalter wurden Skizzen bzw. Karten zur Zielbeschreibung oder allgemein zur Orientierung eingesetzt. Eine der antiksten Karten zeigt das Zweistromland zwischen Euphrat und Tigris (vor 3000 Jahren). Die Karten wurden aufgrund von wirtschaftlichen Beziehungen zwischen den Königreichen, jedoch immer weiter entwickelt und so wurden bedeutsame Handelsrouten auf dem Land gekennzeichnet. Schließlich entwickelten sich neue Wissenschaftsbereiche wie die Kartographie. Auf der See war die Orientierung weitaus schwieriger, da keine Anhaltspunkte zu sehen waren. Folglich mussten die Seefahrer in Landnähe fahren, um nicht die Orientierung zu verlieren. Leuchttürme und andere Landmarkierungen dienten zur Kursbestimmung. Weiterhin spielten die Sterne und die Windrichtung eine bedeutende Rolle. Die Chinesen setzen aufgrund der Erkenntnis, dass sich Splitter vom Magneteisenstein in Richtung Nord-Süd drehen, seit dem 11. Jahrhundert eine schwimmende Kompassnadel ein. In Europa ist der erste Kompass auf den englischen Wissenschaftler Alexander Neckam im Jahre 1187 zurückzuführen.

Abb. 1 Kolumbus

Quelle:
http://www.trainweb.org/panama/images/columbus.jpg

Mit dem Anfang der Seefahrt wurden demnach neue Pfade zur Navigation beschritten. Im 13. bis 15 Jahrhundert, sprich im hohen Mittelalter, wuchsen die Ansprüche an die Positionsinstrumente, da die Seefahrer schnell und sicher zum Ziel gelangen mussten. Es wurden allgemeingültige geometrische Bezugspunkte gebildet, die es ermöglichten die Position genau zu berechnen. Christoph Columbus revolutionierte die Kartengestaltung, da er zur Erkenntnis kam, dass die Erde nicht über eine Geometrieform definiert ist sondern über eine Kugelform.

Neue Maßstäbe zur Positionsbestimmung wurden mittels der im 18. Jahrhundert führenden Seemacht England gesetzt. Es erfolgte 1884 die Festlegung des Nullmedian in Greenwich als Längenkreis - die Erde wurde somit in 360° Gitternetze eingeteilt. Die Einteilung der Breitenkreise erfolgte parallel zum Äquator. Diese Disposition war die Grundlage für eine erfolgreiche Positionsbestimmung, nun war es möglich, eine Position genau anzugeben. Im zweiten Weltkrieg wuchsen die Genauigkeitsansprüche und so wurden zunächst extraterrestrische Positionierungssysteme eingesetzt. Diese Systeme nutzen zur Übertragung der Information das elektromagnetische Spektrum. Weiterhin war es in jener Zeit mit Hilfe von Radarwellenmöglich, sich durch einen Sender und Empfänger zu orientieren. Durch die Zeit der zurückgelegten Mikrowellen konnte man die Position genau bestimmen. Mit den Anfängen der Raumfahrt in den 70er Jahren war es notwendig, weitere genaue Systeme zu schaffen. Im Jahr 1973 beschloss die US Navy und die US Airforce die Entwicklung eines Satelitennavigationssystem dem GPS. Transit, Timation und 621b bilden die Grundlage des Systems. Die Kosten für das GPS Projekt beliefen sich auf 12 Billionen US Dollar.

2. Aufbau des GPS

GPS heißt Global Positioning System und übersetzt Globales Positionsbestimmungssystem. Beschlossen wurde es 1973. Den Aufbau des Global Positioning System kann man in drei Phasen einteilen. Die Überprüfungsphase ging von 1974 bis 1979, die Entwicklungsphase von 1979 bis 1985 und die Aufbauphase von 1985 bis 1993. Im Allgemeinen besteht das GPS – System aus drei Teilen, dem Raumsegment, dem Kontrollsegment und dem Nutzersegment. Im Folgenden werden diese Teile näher erläutert.

2.1. Raumsegment

Das Navigationssystem Global Positioning System basiert auf Satelliten. Es wurden mittlerweile 31 Satelliten ins All geschossen worden, jedoch sind davon 24 aktiv. Die anderen dienen als Ersatzsatelliten, falls die Satelliten aufgrund von Störungen ausfallen. Sie bewegen sich in einer Höhe von 20183km auf sechs verschiedenen Bahnen mit jeweils vier Satelliten und umkreisen in 23 Stunden 55 Minuten und 56,6 Sekunden zweimal die Erde.

Abb. 2 Umlaufbahnen der GPS-Satelliten

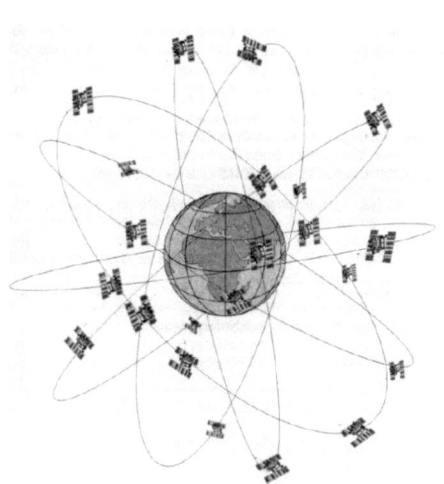

Durch die Lage der Satelliten wird auf der Erde gewährleistet, dass sich jeder Ort durch vier Satelliten abgedeckt wird. Jeder Satellit sendet kontinuierlich zwei Signale mit einer Frequenz von L1 von 1575,42 MHz und L2-Frequenz von 1227,60 MHz. Im Moment wird daran gearbeitet eine dritte L5-Frequenz von 1176,45 MHz einzuführen.

Quelle: Strobel (1995): GPS – Global System, S.85.

5

2.2. Kontrollsegment

Abb.3 GPS Kontrollstationen

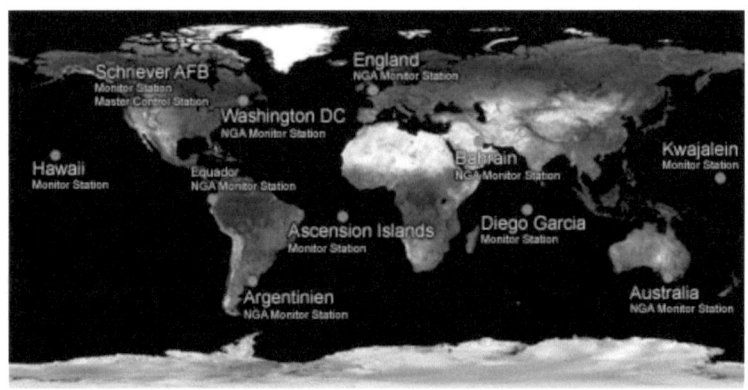

Quelle: http://www.kowoma.de/gps/Bodenstationen.htm

Kontrolliert und gewartet wird das GPS vom Verteidigungsministerium der Vereinigten Staaten. Zu diesem Zweck sind auf der Erde elf Stationen eingerichtet worden. Die Hauptkontrollstationen befinden sich in Colorado Springs, sowie vier Beobachtungsstationen Hawaii, den Ascension Islands, Diego Garcia und Kwajalein. 2005 wurden durch die National Geospatial-Intelligence Agency sechs weitere Überwachungsstationen eingeführt, in Equador, in Argentinien, England, Bahrain, und Australien. Dadurch kann die Hauptkontrollstation in Colorado Springs zweimal am Tag zu jedem Satelliten Kontakt aufnehmen, wobei eine genaue Überwachung der Umlaufbahnen gewährleistet wird. Dabei werden die genaue Lage und die Umlaufzeit der Satelliten an die Hauptkontrollstation weitergeleitet. Treten Abweichungen von Soll- und Istdaten auf, können diese durch das Verteidigungsministerium korrigiert werden.

In Zukunft werden noch weitere fünf NGA Stationen eingeführt, um die Positionsgenauigkeit und die Überwachung des Systems zu verbessern.

Abb. 4 Hauptkontrollstation

Quelle: http://www.kowoma.de/en/gps/falcon-schriever-
afb.jpg

2.3. Nutzersegment

In der Regel besteht das Nutzersegment aus allen GPS Empfängern. Es gibt unterschiedliche Arten von Empfängern je nach Verwendungsort. Des Weiteren unterscheiden sie sich hinsichtlich ihrer Preisklasse. Der einfachste GPS Empfänger ist ein Einkanalempfänger. Dieser Empfänger hat die größte Ungenauigkeitsrate, da nur ein Kanal vorhanden ist, welcher von Satellit zu Satellit ausgerichtet wird, um die Daten zu empfangen. Somit sind diese Empfänger langsam, da sich die Satelliten immer erneut ausrichten, um die Daten für die Navigation zu übertragen. Eine weitere Art von GPS Empfängern sind die Zweikanalempfänger. Bei diesem Gerät kann der zweite Kanal einen anderen Satelliten anpeilen, während der erste Kanal noch die Daten vom ersten Satelliten herunterlädt. Mithin sind eine ständige Navigation und eine erhöhte Genauigkeit gewährleistet. Die besten Geräte, welche am genausten sind, sind die Mehrkanalempfänger. Bei diesen Geräten sind vier bis zehn Kanäle verfügbar. Damit können alle am Horizont auftauchenden Satelliten angepeilt werden, wobei die vier Besten ausgewählt werden. Die Genauigkeit ist hierbei am höchsten. Damals waren diese GPS Empfänger sehr teuer, heute sind diese Geräte für den Privatgebrauch Standard und auch beispielsweise in Handys vorhanden.

3. Positionsbestimmung

Im Folgenden werden die Möglichkeiten zur Positionsbestimmung erläutert.

3.1. Triangulation

Die Trigonometrie übersetzt die Bestimmung eines Ortes mit Hilfe von mathematischen Dreiecksberechnungen. Mit der Position der Satelliten im Weltall ist es theoretisch möglich, eine Ortsbestimmung auf der Erde durchzuführen. Man erhält zwar zwei Punkte, wobei ein Punkt falsch ist. Dementsprechend muss ein Aussortieren des falschen Punktes erfolgen.

Abb.5 Punktbestimmung mit Satelliten

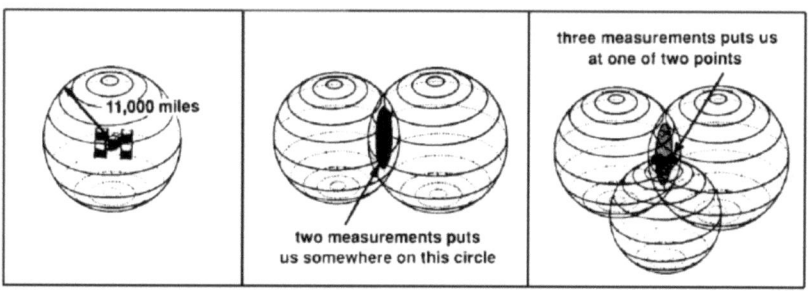

Quelle: Hurn (1989): A guide, S.15

Das ist einfach, da ein Satellit meist eine falsche Höhe besitzt. Bei den heutigen GPS Empfängern erfolgt die Korrektur im eingebauten Computer. Um jedoch einen genauen Punkt zu bestimmen, benötigt man mindestens drei Satelliten.

3.2. Berechnung des Abstands

Um die Entfernung zu den Satelliten zu bestimmen, erfolgt die Nutzung einer einfachen physikalischen Formel. Man nimmt die Entfernung zu den Satelliten x, die Lichtgeschwindigkeit v (299792459 m/s) und die Übertragungszeit t. Die Entfernung zum Satellit errechnet sich aus dem Produkt der Lichtgeschwindigkeit und der Zeit für die Übertragung. Jetzt muss demzufolge die exakte Zeit (t) berechnet werden, da die Lichtgeschwindigkeit ein konstanter Wert darstellt. Gemessen wird diese im Folgenden. Der Satellit und der Receiver generieren zur identischen Zeit einen Schlüssel (Signalfolge). Lädt der Empfänger nun diesen Code des Satelliten, vergleicht dieser Receiver oder Client den Wert mit seinem. Dazu verschiebt der

8

Empfänger den neuen Code über den alten Code. Die Zeit für die Überschreibung des Codes, ist die Übertragungsdauer.

3.3. Berechnung der exakten Zeit

Um die Berechnung des Abstands zu gewährleisten, muss die Generierung des Codes des Satelliten und des Empfängers zum gleichen Zeitpunkt erfolgen. Da sich im Satelliten eine Atomuhr befindet, stellt die exakte Zeitangabe kein Problem dar, allerdings hat der Empfänger keine Atomuhr. Die Trigonometrie eines vierten Satelliten löst das Problem. Der Zeitfehler lässt sich mittels eines vierten Satelliten beseitigen. Das Global Positioning System kann mit Hilfe des vierten Punkten einen exakten Punkt auf der Erde bestimmen.

3.4. Position des Satelliten

Für eine erfolgreiche Berechnung ist es essentiell die Lagen der Satelliten zu kennen. Das Verteidigungsministerium der USA sorgt dafür, dass sich die Satelliten auf seiner Bahn mit einer richtigen Geschwindigkeit bewegt. Der Empfänger der GPS Signale enthält diese Information über einen bereits vorher eingespeicherten Datensatz oder die Daten werden aktuell vom Satelliten heruntergeladen.

3.5. Übermittlung der Daten

Die Satelliten senden, wie bereits erwähnt, zwei Codes auf unterschiedlichen Frequenzen aus. Diese beinhalten unterschiedliche Informationen. Diese bestehen aus einem digitalen Code, welcher über eine geringe Sendeleistung, sowie eine kleine Empfangsantenne verfügt. Das Senden auf identischen Frequenzen von jedem Satelliten aus ist somit gewährleistet. Genannt wird dieser Code „pseudo random code". Auf der L1 Frequenz wird ein C/A Code übermittelt, auf der L2 Frequenz nur der P-Code. Dieser P-Code ist ausschließlich für das Militär nutzbar. Daher ist die L1 Frequenz von großem Wert, da sich hier die Navigationsdaten als auch den SPS Code (standard positioning code – Standard Positionsbestimmungscode) befinden. Der C/A Code dient zur Grobbestimmung, der Entfernung. Anderenfalls werden auch Navigationsdaten für die Lage der Satelliten übertragen.

4. Fehlerquellen

Es werden natürliche und künstliche Fehler im System unterschieden. Die Satellitensignale werden dadurch verschlechtert – dadurch ergibt sich eine ungenaue Positionsbestimmung. Im Folgenden werden Arten von Fehlerquellen erläutert.

4.1. Fehler in der Atmosphäre

Die Troposhäre und die Ionosphäre können die Signale der Satelliten negativ beeinträchtigen, so dass sich daraus eine ungenaue Ortsbestimmung ergibt. Es ergeben sich Fehler, bei der Signalübertragung aufgrund von schlechtem Wetter. Diese Fehler sind aber äußerst gering.

4.2. Geometrie der Satelliten und Topographie des Geländes

Die Geometrie der Satelliten gegenüber der Erde ist eine weitere Fehlerquelle. Es ergeben sich große oder kleine Fehler je nachdem, in welchem Winkel die zu

Abb. 6 Fehlerquelle in der Ionosphäre und Troposhäre

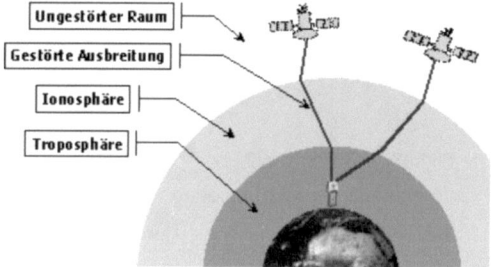

Quelle: http://www.kowoma.de/gps/Fehlerquellen.htm

empfangenden Satelliten zu dem Ort auf der Erde stehen. Der Fehler ist groß, wenn der Winkel klein ist, da es zu Verzerrungen kommt. Dagegen ist der Fehler kleiner, wenn der Winkel groß ist. Des Weiteren können Reflexionen in Tälern oder in Städten zu Fehlern führen. Überdies kann eine ungenaue Bahn der Satelliten zu Laufzeitfehlern führen, wenn sich aufgrund von Sonnenaktivität das Magnetfeld der Erde verändert.

10

4.3. Selective availability

Die größte Fehlerquelle des Global Positioning System war das Verteidigungsministerium selbst. Am 2.5.2000 wurde aber dieser „selective availability" abgeschaltet. Es handelte sich hierbei um eine künstliche Verfälschung der vom Satelliten übermittelten Uhrzeit im L1 Signal. Dies führte bei zivilen GPS Empfängern zu einer ungenauen Positionsbestimmung. In wenigen Minuten führte dies zu einem Fehler von rund 50 Metern. Des Weiteren wurden im selective avaibility eine ungenaue Satellitenposition angegeben. Hierbei kam es zu einer weiteren Ungenauigkeit für den zivilen Nutzer. Bei eingeschalteter selective availability wird eine Genauigkeit von 20 Metern und darunter erreicht. Als Grund für das Einschalten des künstlichen Fehlernswurden Sicherheitsbedenken geäußert – so hatte man speziell Angst, dass Terroristen mit Fernwaffen Einrichtungen in den USA treffen.

Die Abbildung sieben impliziert die Fehler in der Position bei eingeschalteter „selective availability" und bei ausgeschalteter „selective availability".

Abb. 7 Fehler selective availability

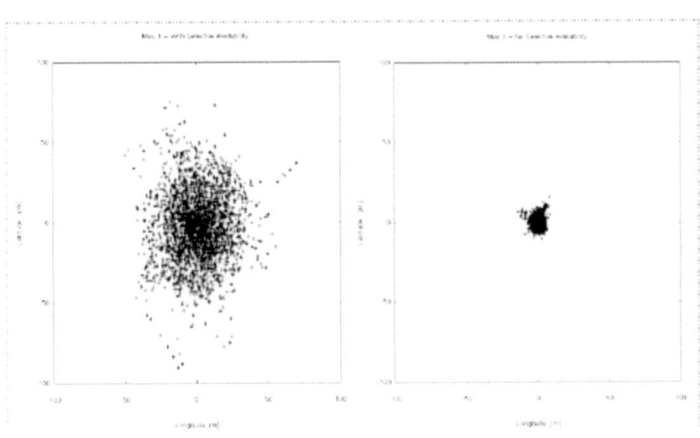

Quelle: http://www.kowoma.de/gps/Fehlerquellen.htm

5. Anwendung

5.1. Zivile Nutzung

Das GPS – System wird auf dem Land, in der Luft und auf der See genutzt. Vor allem im Landverkehr hat das GPS in den letzten Jahren an Bedeutung bei Autonavigationssystemen gewonnen. Des Weiteren erfolgt die Nutzung per Mobiltelefon (Beispiel Nokia N95). In der Logistik ist das GPS aufgrund der befahrenden Straßen unabdingbar für einen zügigen Transport der Waren. Mit dem Traffic Channel Mode (TCM) ist es möglich, sich auf neue Verkehrshindernisse (Staus, neue Straßenzüge) einzustellen. Mit dem TCM lassen sich neue Dateien herunterladen. Wertvoll ist des Weiteren der Einsatz im Rettungseinsätzen, da eine schnelle Koordination in großen Städten möglich ist. In der zivilen Seefahrt wird das GPS standardmäßig als Navigation eingesetzt.

5.2. Militärische Nutzung

Entwickelt wurde das GPS für den militärischen Bereich. Das Ziel des GPS war es die Truppen im unbekannten Territorium zu koordinieren. Des Weiteren konnte man mit dem Global Positioning System Raketen lenken und somit das Ziel genau fixieren. Schließlich kann man Lateralschäden möglichst und zivile Opfer gering halten. Genutzt wird das GPS des Weiteren auch in der Marine. Somit lässt sich eine Kollision mehrere Schiffe verhindern und Rettungsaktionen koordinieren.

5.3. Geographische Nutzung

Weitgehend genutzt wird das Global Positioning System in der Wissenschaft der Geographie. Es findet Anwendung in Teilgebieten der Geographie der Landschafts- und Raumplanung. Genutzt wird es darüber hinaus für das Vermessen von Landschaften. Im Übrigen findet das GPS System in der Landwirtschaft Anwendung. Schließlich dient es zur Überprüfung von Grenzen der Anbauflächen.

6. Navigation mit GPS

Die Navigation mit Hilfe des GPS ist für uns heutzutage das wichtigste. Schließlich dient unser GPS heutzutage für die Orientierung in unbekannten Gebieten.

Abb. 8 Navigation mit Navigon

Die Navigation erfolgt in mehreren Schritten. Zunächst muss eine Position des Zielortes in das Navigationssystem eingegeben werden. Dazu gibt man als Zielort, den Ort an, wo man hinfahren möchte. Es gibt unterschiedliche Angaben, jedoch ist auf den Navi-Systemen oft zu sehen, das dort Angaben, wie N 46° 37.68' E 008° 37.43' stehen. Diesen Zielort ist zu speichern und dieser Punkt wird schließlich zu einem Waypoint. Ein Wegpunkt ist eine auf der Erde eindeutige zu bestimmende Position. Wegpunkte werden gesetzt, um die zu bestimmende Position des Ortes zu markieren. Des Weiteren werden in

Quelle: http://g-ec2.images-amazon.com/images/G/03/electronics/detailpage/1000/navigon/B000VQTDTC_1.jpg

neuen Navigationssystemen nicht nur die die Breiten- bzw. Längengrade gespeichert sondern ebenso die Höhe. Fährt man nun zu seinem Waypoint und hat das Ziel erreicht und möchte man einen neuen Wegpunkt setzen, so spricht man von einer Route.

Die Route besteht deshalb aus mehreren Wegpunkten, die ich als Nutzer selbst festlegen kann. Neue Navi-Geräte können bis zu 100 Wegpunkte speichern.

Werden Wegpunkte bei der Zielführung ausgelassen, so werden diesen übersprungen und der Endwaypoint ist der entscheidende. Ein gutes Navigationssystem besteht dann nicht zu diesem ausgelassenen Wegpunkt zurückzukehren. Die Route wird demnach fortgesetzt. Entscheidend bei der Navigation ist, dass man sich trotz der Hilfe, die man sich durch ein GPS System zu

Nutze macht, trotz alledem eine grundlegende Orientierung haben sollte. Ältere Geräte navigieren nicht immer den kürzesten Weg oder schnellsten Weg. Weiterhin kann zur Navigation gesagt werden, dass andere wichtige Dinge bei der Navigation ebenso eine Rolle spielen. Die Peilung auch Bearing genannt, ist die Richtung von der man von der aktuellen Position zur Zielposition ausgehen muss. Oftmals zeigt das GPS eine Gradzahl an. Navigiert man zu dieser Gradzahl ist dies der kürzeste Weg zum Endwaypoint.

Abb. 9. Route mit Wegpunkten

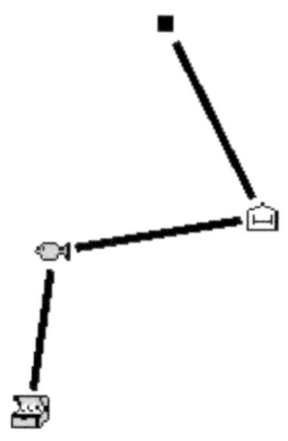

Quelle:
http://www.kowoma.de/gps/Navigation.htm

7. Das neue Galileo System

Das Galileo System stellt eine Neuerung des GPS System auf europäischer Seite dar. Das europäische Satellitennavigationssystem kostet bis 2013 3,4 Mrd. €. Anders als das amerikanische Satellitensystem GPS ist das Galileo ausschließlich für zivile Nutzungen gedacht. Zunächst wird das Galileo System ab 2010 mit dem GPS gekoppelt und wird dann als NAVSTAR-GPS-System bezeichnet. Durch diese Verknüpfung von GPS und dem Galileo System wird durch die jederzeit verfügbare Satellitenanzahl bis zu fünfzehn eine sehr viel größere Abdeckung der Positionssignale erreicht.

Für den späteren Nutzer werden die Datenpakete, wie das GPS kostenlos abrufbar sein.

Galileo besteht, ähnlich wie das GPS aus 30 Satelliten, die etwas höher bei einer Höhe von 23260km die Erde umkreisen. Darüber hinaus besteht es aus einem Bodensegment, welches prinzipiell dafür da ist, die Satelliten in ihrer Umlaufbahn zu kontrollieren und gegebenenfalls Korrekturmöglichkeiten vorzunehmen. Im

14

Gegensatz zum GPS System ist Galileo genauer, da die Funksignal bereits eine Differenz von vier Zentimetern unterscheiden können. Systematisieren kann man das Galileo System nach den geplanten Diensten. Der erste Dienst ist der Allgemeine Dienst, auch Open Service, genannt. Dieser Dienst wird ähnlich wie das GPS System frei zugänglich sein und Signale für die Positions- und Zeitgenauigkeit verfügen. Der zweite Dienst ist der sichere Dienst, auch Safety-of-Life Service genannt. Im Fall von Ausfällen von Satelliten ist das System dafür verantwortlich, Fehler bei der Genauigkeit der Position sofort zu melden. Die Sicherheit wird dafür erst gewährleistet. Als dritten gibt es den Kommerziellen Dienst (Commericial Service). Dieser stellt zwei Signale bereit, die einerseits den Datendurchsatz, anderseits somit die Genauigkeit erhöhen. Mittels eines Aufpreises lassen sich diese Signale empfangen, um somit eine Genauigkeit der Orientierung von 10 cm zu gewährleisten. Der vierte, der sogenannte Regulierter Dienst (Public Regulated Service) wird zugangsbeschränkt für gewisse Behörden (Polizei, Geheimdienste) zur Verfügung stellen. Gegen Störsendern wird dieser Dienst auf der ganzen Welt gesichert sein – damit soll sowohl die Genauigkeit, als auch die Korrektheit sicher gestellt werden. Der letzte Dienst ist der Such- und Rettungsservice (Search and Rescue), mit welchem Such- und Rettungsaktionen unterstützt werden können. Weiterhin wird das System in der Lage sein, Signale von Notsendern auf Schiffen oder Flugzeugen zu empfangen. Diese Informationen werden dann an die Rettungszentren weitergeleitet.

Zusammenfassend lässt sich sagen, dass Galileo Vorteile in der Zuverlässigkeit und Genauigkeit der Daten gegenüber dem GPS hat. Der Aufbau des Galileo System ist ähnlich, aus einem Raum-, Boden- und Nutzersegment.

8. Literatur- und Quellenverzeichnis

Dodel, Häupler: Satellitennavigation Galileo, GPS, Glonass, integrierte Verfahren, 2004.

Hurn: GPS – A Guide, 1989.

Hofmann – Wellenhof, Lichtenegger, Wasle: GNSS – Global Navigation Satellite: GPS, Glonass, Galileo, Springer Verlag, 2007.

Mansfeld, Werner: Satellitenortung und Navigation: Grundlagen und Anwendung globaler Satellitennavigationssysteme, Vieweg Verlag, 2. Auflage, 2004

Strobel, Jürgen: GPS – Global Positioning System, Franzis Verlag GmbH, Poing 1995

Vorlesungsskript Prof. Asche Vorlesung Fernerkundung/Geoinformatik

http://www.kowoma.de/gps/Geschichte.htm
http://de.wikipedia.org/wiki/Kompass#Geschichte
http://de.wikipedia.org/wiki/Alexander_Neckam
http://de.wikipedia.org/wiki/Christoph_Kolumbus
http://www.kowoma.de/gps/galileo/Uebersicht.htm
http://www2.uni-siegen.de/dept/fb10/verm/gpsgis/wpf0002/gpsraumsegment.htm
http://books.google.de/books?id=ZzLJlqee4ooC&pg=PA250&lpg=PA250&dq=2.1.%0
9Raumsegment&source=web&ots=_BJLskmZls&sig=1ruVFIlk6xGfFk80eeuOqWMqz
oY&hl=de&sa=X&oi=book_result&resnum=1&ct=result